U0261570

国家电网有限公司
省管产业安全生产管理
应知应会读本

国家电网有限公司产业发展部◎组编

中国电力出版社
CHINA ELECTRIC POWER PRESS

图书在版编目（CIP）数据

国家电网有限公司省管产业安全生产管理应知应会读本 / 国家电网有限公司产业发展部组编 . — 北京 : 中国电力出版社 ,2021.2（2021.4 重印）
ISBN 978-7-5198-5129-3

Ⅰ . ①国 ... Ⅱ . ①国 ... Ⅲ . ①电网 – 电力安全 – 工程管理 Ⅳ . ① TM727

中国版本图书馆 CIP 数据核字 (2020) 第 213889 号

出版发行：中国电力出版社
地　　址：北京市东城区北京站西街 19 号（邮政编码 100005）
网　　址：http://www.cepp.sgcc.com.cn
责任编辑：孙建英（010–63412369）
责任校对：黄　蓓　朱丽芳
装帧设计：赵珊珊
责任印制：吴　迪

印　　刷：三河市万龙印装有限公司
版　　次：2021 年 2 月第一版
印　　次：2021 年 4 月北京第三次印刷
开　　本：710 毫米 ×1000 毫米　32 开本
印　　张：2.125
字　　数：29 千字
印　　数：70001–80000 册
定　　价：29.00 元

树立安全发展理念，弘扬生命至上、安全第一的思想，健全公共安全体系，完善安全生产责任制，坚决遏制重特大安全事故，提升防灾减灾救灾能力。

——2017 年 10 月 18 日，习近平在中国共产党第十九次全国代表大会上的报告

我们必须坚持统筹发展和安全，增强机遇意识和风险意识，树立底线思维，把困难估计得更充分一些，把风险思考得更深入一些，注重堵漏洞、强弱项，下好先手棋、打好主动仗，有效防范化解各类风险挑战，确保社会主义现代化事业顺利推进。

——习近平：关于《中共中央关于制定国民经济和社会发展第十四个五年规划和二〇三五年远景目标的建议》的说明

生命至高无上，安全重于泰山。党的十八大以来，习近平总书记多次强调要把人民生命安全放在首位，就抓好安全生产作出了一系列重要指示批示，为新形势下进一步做好安全生产工作提供了强大的思想武器和行动指南。

作为关系国家能源安全和国民经济命脉的国有骨干企业，国家电网有限公司（以下简称"公司"）深入学习贯彻习近平总书记系列讲话精神，牢固树立安全发展理念，始终坚持"人民至上、生命至上"，充分发挥"大国重器"和"顶梁柱"作用，有力保障了我国经济社会发展和人民安居乐业。面向"十四五"，公司上下瞄准建成具有中国特色国际领先的能源互联网企业远景目标，按照"一业为主、四翼齐飞、全要素发力"的总体布局，全面推动产业升级和高质量发展。省管产业立足"助推器"定位，支撑服务公司电网建设、应急保电和抢险救灾，必须把安全第一的理念贯穿生产经营管理全过程，实现企业安全发展、长治久安，为公司战略目标落地和"十四五"规划顺利实施贡献力量。

《国家电网有限公司省管产业安全生产管理应知应会读本》对现行的安全生产法律法规及规章制度基础知识、省管产业安全生产管理要点、电力施工安全管理重点等内容进行总结提炼。针对省管产业施工作业，按照作业准备、作业实施、作业总结的流程，梳理分析关键环节和管控重点，并配以事故案例、漫画插图和视频讲解，便于各级管理人员、一线作业人员理解和掌握。

　　希望读者通过阅读学习，进一步增强安全意识，做好安全生产工作，为省管产业改革发展筑牢安全基础，为公司建成具有中国特色国际领先的能源互联网企业、实现高质量发展作出贡献。

编者
2021 年 2 月

目录

第 一 部分

安全生产法律法规及规章制度基础知识

学习掌握安全生产法律法规和规章制度，有利于增强从业人员安全意识，防范安全生产事故；有利于保障人民群众生命和财产安全，促进经济社会持续健康发展。

第一部分
安全生产法律法规及规章制度基础知识

一、安全生产方针

| 安全第一 | 预防为主 | 综合治理 |

> **延伸阅读**　《中华人民共和国安全生产法》第三条规定，安全生产工作应当以人为本，坚持安全发展，坚持安全第一、预防为主、综合治理的方针。

二、安全管理"三个必须"

> **延伸阅读**　《中共中央国务院关于推进安全生产领域改革发展的意见》第五条指出，按照管行业必须管安全、管业务必须管安全、管生产经营必须管安全和谁主管谁负责的原则，厘清安全生产综合监管与行业监管的关系，明确各有关部门安全生产和职业健康工作职责，并落实到部门工作职责规定中。

三、安全设施"三同时"

同时设计 ➤ 同时施工 ➤ 同时投入生产和使用

> 延伸阅读
>
> 《中华人民共和国安全生产法》第二十八条规定,生产经营单位新建、改建、扩建工程项目的安全设施,必须与主体工程同时设计、同时施工、同时投入生产和使用。

四、安全生产责任制"三个明确"

1 明确责任人员

2 明确责任范围

3 明确考核标准

> 延伸阅读
>
> 《中华人民共和国安全生产法》第十九条规定,生产经营单位的安全生产责任制应当明确各岗位的责任人员、责任范围和考核标准等内容。生产经营单位应当建立相应的机制,加强对安全生产责任制落实情况的监督考核,保证安全生产责任制的落实。

五、企业安全生产责任体系"五落实五到位"

落实"党政同责"要求　落实安全生产"一岗双责"　落实安全生产组织领导机构　落实安全管理力量　落实安全生产报告制度

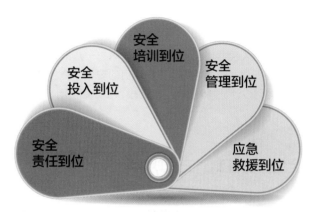

安全培训到位　安全投入到位　安全管理到位　安全责任到位　应急救援到位

延伸阅读

　　《企业安全生产责任体系五落实五到位规定》中规定，必须落实"党政同责"要求，董事长、党组织书记、总经理对本企业安全生产工作共同承担领导责任。必须落实安全生产"一岗双责"，所有领导班子成员对分管范围内安全生产工作承担相应职责。必须落实安全生产组织领导机构，成立安全生产委员会，由董事长或总经理担任主任。必须落实安全管理力量，依法设置安全生产管理机构，配齐配强注册安全工程师等专业安全管理人员。必须落实安全生产报告制度，定期向董事会、业绩考核部门报告安全生产情况，并向社会公示。必须做到安全责任到位、安全投入到位、安全培训到位、安全管理到位、应急救援到位。

六、暗查抽查工作"四不两直"

延伸阅读

　　国家安全生产监督管理总局印发《转变作风开展安全生产暗查抽查工作制度》第三条规定，暗查抽查工作采取"四不两直"方式进行，即：不发通知，不向地方政府打招呼，不听取一般性工作汇报，不用当地安全监管局、煤矿安监局人员陪同，直奔基层，直插现场，开展突击检查、随机抽查。

学习笔记

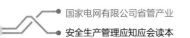
七、消防安全管理主要内容

落实消防
安全责任制

配置消防
设施、器材

设置
安全标志

组织
检验维修

组织
防火检查

组织
消防演练

加强消防
宣传教育

> 延伸阅读　《中华人民共和国消防法》第二条规定，消防工作贯彻预防为主、防消结合的方针，按照政府统一领导、部门依法监管、单位全面负责、公民积极参与的原则，实行消防安全责任制，建立健全社会化的消防工作网络。

八、危险化学品安全管理主要内容

建立、健全安全管理规章制度和安全操作规程

 制定本单位危险化学品事故应急预案

对从业人员进行安全教育、法制教育和岗位技术培训 ②

⑤ 配备应急救援人员和必要的应急救援器材、设备

设置安全设施、设备、警示标志和通信报警装置，并维护、保养

 定期组织应急救援演练

> 延伸阅读　《危险化学品安全管理条例》第三条规定，危险化学品是指具有毒害、腐蚀、爆炸、燃烧、助燃等性质，对人体、设施、环境具有危害的剧毒化学品和其他化学品。

九、有限空间作业安全管理主要内容

① 建立、健全安全管理制度和规程

② 对从事有限空间作业的人员进行专项安全培训

③ 作业前对作业环境进行评估

④ 严格遵守"先通风、再检测、后作业"的原则

⑤ 作业过程中采取实时监测、持续通风措施

⑥ 为作业人员提供劳动防护用品

⑦ 作业结束后对作业现场进行清理

⑧ 制定应急预案，配备应急装备和器材

⑨ 定期进行演练

延伸阅读　《工贸企业有限空间作业安全管理与监督暂行规定》第二条规定，有限空间是指封闭或者部分封闭，与外界相对隔离，出入口较为狭窄，作业人员不能长时间在内工作，自然通风不良，易造成有毒有害、易燃易爆物质积聚或者氧含量不足的空间。

十、特种设备安全管理主要内容

1 使用合格的特种设备

2 建立、健全安全管理制度和操作规程

3 建立特种设备安全技术档案

4 进行经常性维护保养和定期自行检查并作出记录

延伸阅读

《中华人民共和国特种设备安全法》第二条规定，特种设备，是指对人身和财产安全有较大危险性的锅炉、压力容器（含气瓶）、压力管道、电梯、起重机械、客运索道、大型游乐设施、场（厂）内专用机动车辆，以及法律、行政法规规定适用本法的其他特种设备。

学习笔记

第 二 部分

省管产业安全生产
管理要点

安全生产是最根本、最基础、最重要的工作，是公司的本质要求和神圣职责，任何时候都要把安全放在重中之重的位置。

省管产业安全生产管理要点

一、省管产业管理职责定位

国家电网	省级公司（主办单位）	产业管理公司	省管产业单位
监督主体	监管主体	管理主体	责任主体

二、省管产业安全管理机构设置

省管产业单位按规定设置安全生产管理机构，配置安全生产管理人员

从业人员超过一百人的，应当设置安全生产管理机构或者配备专职安全生产管理人员

从业人员在一百人以下的，应当配备专职或者兼职的安全生产管理人员

三、省管产业安全生产管理原则

谁主办谁负责

管业务必须管安全

四、电力安全生产"两票三制"

五、业务外包安全管理"双准入"

六、安全生产管理"三同"

七、安全目标"三杜绝三防范"

八、施工现场作业"三交三查"

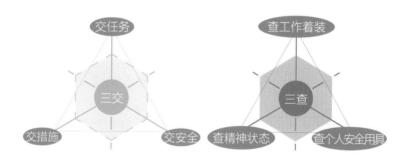

九、事故调查处理"四不放过"

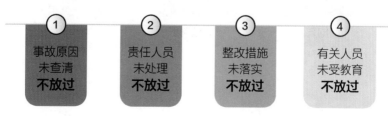

十、安全生产"四个最"

最 根本的是紧盯安全目标、牢牢守住"生命线"

最 重要的是落实安全生产责任制

最 关键的是及时解决各类风险隐患

最 要紧的是加强应急体系建设

十一、安全生产"四个管住"

管住计划

管住队伍

管住人员

管住现场

十二、分包队伍和人员"四统一"

统一标准

统一要求

统一培训

统一考核

十三、省管产业作业现场"五严格五强化"

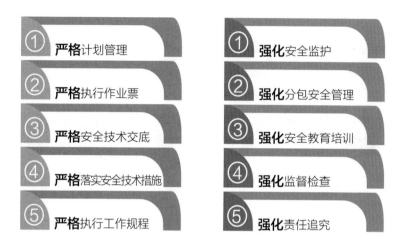

① **严格**计划管理 ① **强化**安全监护

② **严格**执行作业票 ② **强化**分包安全管理

③ **严格**安全技术交底 ③ **强化**安全教育培训

④ **严格**落实安全技术措施 ④ **强化**监督检查

⑤ **严格**执行工作规程 ⑤ **强化**责任追究

十四、安全隐患治理"五落实"

落实责任　　**落实**措施　　**落实**资金　　**落实**期限　　**落实**应急预案

十五、加强施工类省管产业能力建设"六条措施"

强化企业集约化管理	健全安全管理制度体系
严格落实"十不干"	提高员工能力素质
配足配齐施工机具装备	确保工程质量

十六、生产作业现场"十不干"

① 无票的不干
现场安全措施布置不到位、安全工器具不合格的不干 ⑥

② 工作任务、危险点不清楚的不干
杆塔根部、基础和拉线不牢固的不干 ⑦

③ 危险点控制措施未落实的不干
高处作业防坠落措施不完善的不干 ⑧

④ 超出作业范围未经审批的不干
有限空间内气体含量未经检测或检测不合格的不干 ⑨

⑤ 未在接地保护范围内的不干
工作负责人(专责监护人)不在现场的不干 ⑩

十七、安全例会主要类型

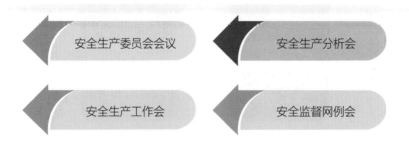

安全生产委员会会议

安全生产分析会

安全生产工作会

安全监督网例会

十八、安全活动主要类型

年度安全活动　安全生产月活动　安全日活动　安全专项主题活动

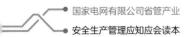

十九、安全检查主要形式

| 定期 | 春季、秋季等季节性安全检查 |
| 不定期 | "四不两直"、重大活动保电等各类专项安全检查 |

二十、反违章工作基本原则

落实责任　健全机制

查防结合　以防为主

二十一、安全风险管理长效机制内容

管理规范　责任明确　闭环落实　持续改进

二十二、应急管理体系内容

应急组织体系包括应急领导小组及工作小组、应急救援基干分队、应急抢修队伍和应急专家队伍

①

应急制度体系是组织应急工作过程和进行应急工作管理的规则与制度的总和

②

应急科技支撑体系为应急管理、突发事件处置提供技术支持和决策咨询

⑤

省管产业单位是公司应急体系的重要组成部分，是公司防范和应对突发事件的有力支撑

应急培训演练体系包括专业应急培训基地及设施、应急培训师资队伍、应急培训大纲及教材、应急演练方式方法，以及应急培训演练机制

④

应急预案体系由总体预案、专项预案、现场处置方案构成

③

二十三、信息安全管理要求

1 内、外网分区隔离

实行内网、外网物理隔离；生产控制大区与管理信息大区之间设置安全隔离装置

移动存储介质管理

按规定落实移动存储介质领用、存放、使用、维护和销毁等措施 **5**

病毒防护 2

安装并及时升级防病毒软件，指定专人定期对网络和主机进行恶意代码检测、分析，并做好记录

密码管理 4

计算机系统应采用强度大的密码登陆管理并定期更换

涉密管理

严格落实相关保密工作规定，按照"涉密不上网、上网不涉密"要求管控涉密文件的接收、分发、传阅、回收 **3**

第 三 部分

电力施工
安全管理重点

省管产业单位承揽电力工程施工，作业现场危险源种类多、分布广，安全风险复杂。规范施工现场安全生产，实施施工全过程管控，对保障安全生产具有重要意义。

第三部分
电力施工安全管理重点

一、作业准备

（一）建立安全管理制度

必须建立和完善各项安全管理制度和管理规定，明确安全生产责任制，制定安全生产目标，将目标分解到人，责任落实考核到人。

（二）开展安全教育与培训

必要审查不可少，培训也是为你好

安全教育与培训

1 现场作业人员应经安全教育和岗位技能培训并考核合格。

2 安全培训内容针对性强，确保培训效果。

3 组织开展突发事件应急培训及演练。

4 涉及新技术、新工艺、新设备、新材料的项目人员，应进行专门的安全生产教育和培训。

5 作业人员应被告知其作业现场和工作岗位存在的危险因素、防范措施及事故应急措施。

6 发现安全隐患应妥善处理或向上级报告；发现直接危及人身、电网和设备安全的紧急情况时，应立即停止作业或在采取必要的应急措施后撤离危险区域。

7 作业人员应身体健康，无妨碍工作的病症，身体检查至少两年一次。

8 作业人员应严格遵守现场安全作业规章制度和安全规程，服从管理，正确使用安全工器具和个人防护用品。

延伸阅读

施工前的考试与培训，按照人员类别分为以下几类：**一是**新入单位的人员要通过安全教育培训，经考试合格后方可工作；**二是**新上岗作业人员经岗位技能培训考试合格后方可上岗；**三是**在岗作业人员，要按相关规定进行培训；**四是**外来作业人员必须经过安全知识和安全规程的培训，并经考试合格后方可上岗；**五是**特种作业人员应由具备相应资质的安全培训机构培训后持证上岗。

（三）签订施工合同

工程建设单位与施工单位，也就是发包方与承包方，以完成商定的建设工程为目的，明确双方权利义务的协议。

（四）强化分包管理

1 分包队伍资质应符合要求；不得以劳务分包的名义进行专业分包

2 应按规定签订分包合同和分包安全协议，合同和协议内容要全面，明确具体权利义务

3 劳务分包队伍和人员要执行"四统一""双准入"管理

4 劳务分包人员不得独立承担重要临时设施、重要施工工序、特殊作业、危险作业以及危险性较大的分部分项工程施工

5 施工承包单位认真履行作业现场安全职责，杜绝以包代管现象

延伸阅读：严禁转包，主体工程严禁分包，严禁与资质不符合要求的企业、无资质企业或个人签订分包合同。

（五）制订工作计划

工作计划与实际工作必须相符

不得随意变更工作计划

延伸阅读 ｜ 节假日期间停工后必须落实复工安全措施，并经业主、监理项目部批准方可复工。不得扩大施工范围，不得无计划施工。

（六）组织现场勘察

现场勘察应察看施工作业需要停电的范围及设备、保留的带电部位以及并架或邻近、交叉带电设备，作业现场的条件、环境、地形等情况，查找影响施工作业的危险因素。现场勘察结束后，编制"三措"、填写"两票"前，应针对触电伤害、高处坠落、物体打击、机械伤害等危险因素，开展风险评估工作。

（七）编制施工方案

施工方案包括：

1 施工组织设计

2 一般施工方案

3 专项施工方案

《国家电网有限公司输变电工程建设安全管理规定》第六十三条规定，施工项目部在工程开工前应做好风险初勘，根据风险识别评估的结果，落实"先降后控"思路，编制施工方案，填写施工作业票。

《国家电网有限公司输变电工程建设安全管理规定》第六十六条规定，工程现场作业应落实施工方案中的各项安全技术措施。施工项目部应根据工程实际编制施工方案，完成方案报审批准后，组织交底实施。

《国家电网有限公司输变电工程建设安全管理规定》第六十八条规定，对超过一定规模的危险性较大的分部分项工程的专项施工方案（含安全技术措施），施工单位应按国家有关规定组织专家进行论证、审查，施工单位按照审查意见修改完善后，经业主项目经理审批后由施工单位指定专人现场监督实施。

《国家电网有限公司输变电工程建设安全管理规定》第六十九条规定，全体作业人员应参加施工方案、安全技术措施交底，并按规定在交底书上签字确认。施工过程如需变更施工方案，应经措施审批人同意，监理项目部审核确认后重新交底。

（八）开展安全技术交底

1 开工前，工作负责人要向工作班成员交代工作任务、安全措施、危险点、防范措施和注意事项

2 工作班成员要按规定在交底记录上签字

3 新增工作人员应接受安全技术交底，并履行签字手续

4 工作间断或转移时，工作负责人要重新进行安全技术交底

5 复杂自然条件、复杂结构、技术难度及危险性较大的工程要如实告知作业人员危险因素

（九）规范使用"安全施工作业票"

安全施工作业 A 票

二级及以下固有风险作业，按照常态安全管理组织施工，填写安全施工作业 A 票

签发人：项目总工

安全施工作业 B 票

三级及以上固有风险作业，必须填写安全施工作业 B 票，同时按照作业步骤填写 B 票中的作业风险控制卡

签发人：项目经理

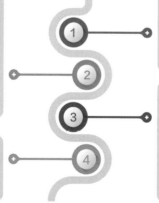

安全施工作业票填写要规范，所列工作人员与现场一致，所列安全技术措施要齐全并满足现场需要

工作现场布置的安全措施与安全施工作业票要一致

① 施工作业前应按规定办理安全施工作业票，禁止无票作业

③ 安全施工作业票签发人和工作负责人要具备相应资格，生产运行现场施工作业，工作票要实行"双签发"

（十）正确使用个人防护用品和安全工器具

作业人员个人防护用品应配置齐全，穿戴和使用正确。

个人防护用品应按期检测并及时更换：

延伸阅读　　劳动防护用品在使用过程中，如发现质量问题应及时收回并更换；变更工种（岗位）、损坏丢失、有效期满、应急救援等特殊环境下出现劳动防护用品短缺的，由使用部门（单位）提出申请，由相应的劳动防护用品归口管理部门审批后，及时补发。

作业人员要正确使用安全工器具，保障作业人员人身安全。

绝缘垫

延伸阅读 | 　　根据作业工种和场所需要选配个体防护装备，包括防止触电、灼伤、坠落、摔跌、中毒、窒息、火灾、雷击、淹溺等事故或职业危害，保障作业人员人身安全的个体防护装备、绝缘安全工器具、登高工器具、安全围栏（网）和标志牌等专用工具和器具。

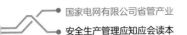

常用安全工器具作用与检验周期：

安全帽

扫一扫
看一看

对人头部受坠落物及其他特定因素引起的伤害起防护作用。
检验周期：安全帽（塑料帽）不超过 2 年半，安全帽（玻璃钢帽）不超过 3 年半。

绝缘手套

扫一扫
看一看

由特种橡胶制成的、起电气绝缘作用的手套。检验周期：半年。

绝缘鞋（靴）

安全工器具·绝缘鞋（靴）

扫一扫
看一看

由特种橡胶制成的、用于人体与地面绝缘的鞋（靴）子。
检验周期: 半年。

安全带

安全工器具·安全带

扫一扫
看一看

防止高处作业人员发生坠落或发生坠落后将作业人员安全悬挂的个体防护装备。
检验周期: 一年。

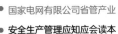
速差自控器

安全工器具·速差自控器

扫一扫
看一看

一种安装在挂点上、装有一种可收缩长度的绳，（带、钢丝绳），串联在安全带系带和挂点之间、在坠落发生时因速度变化引发制动作用的装置。
检验周期: 一年。

自锁器

安全工器具·自锁器

扫一扫
看一看

附着在刚性或柔性导轨上，可随使用者的移动沿导轨滑动，因坠落动作引发制动作用的装置。
检验周期: 一年。

个人保安线

安全工器具-个人保安线

扫一扫
看一看

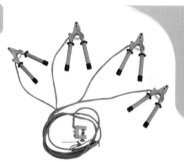

用于防止感应电
压危害的个人用
接地装置。
检验周期: 不超
过 5 年。

电容型
验电器

安全工器具-电容型验电器

扫一扫
看一看

通过检测流过验
电器对地杂散电
容中的电流，来指
示电压是否存在。
检验周期: 一年。

绝缘杆

安全工器具·绝缘杆

扫一扫
看一看

由绝缘材料制成，用于短时间对带电设备进行操作或测量的杆类绝缘工具，包括绝缘操作杆、测高杆、绝缘支拉吊线杆等。
检验周期：一年。

接地线

安全工器具·接地线

扫一扫
看一看

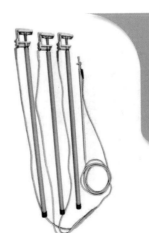

用于防止设备、线路突然来电，消除感应电压，放尽剩余电荷的临时接地装置。
检验周期：五年。

梯子

安全工器具-梯子

扫一扫
看一看

包含有踏档或踏板，可供人上下的装置，一般分为竹（木）梯、铝合金及复合材料梯。
检验周期：
梯子（竹、木）半年；
梯子（复合材料）一年。

脚扣

安全工器具-脚扣

扫一扫
看一看

用钢或合金材料制作的用于攀登电杆的工具。
检验周期：一年。

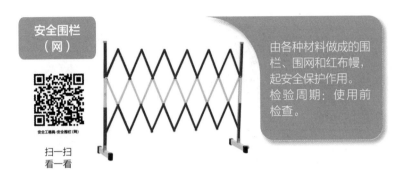

安全围栏
（网）

扫一扫
看一看

由各种材料做成的围栏、围网和红布幔，起安全保护作用。
检验周期：使用前检查。

学习笔记

二、作业实施

（一）施工现场通用要求

①　深基坑、露台等临边要装围栏或盖板

②　工作地段有邻近、平行、交叉跨越及同杆塔架设线路，应采取防止感应电触电的措施

③　停电、近电工作区域应在接地保护范围内

④　杆塔根部、基础和拉线要牢固

⑤　变电站和高压室内梯子、管子等长物应放倒搬运并与带电部分保持足够的安全距离

⑥　要按规定顺序装拆接地线；拆除高压试验引线前必须充分放电

⑦　货运索道不得超载使用或载人

⑧　脚手架、跨越架搭设要合格

坚决不能上塔！

不牢固

37

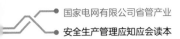

（二）安全过程管控有关要求

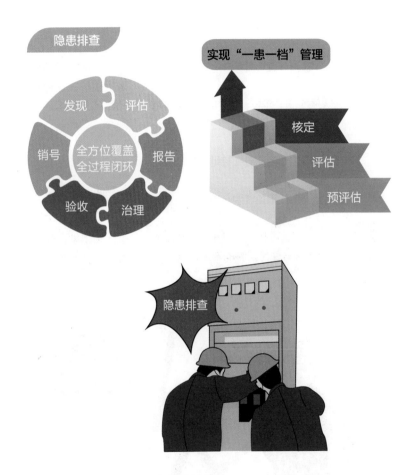

（三）常见特种作业有关要求

特种作业是指容易发生事故，对操作者本人、他人的安全健康及设备、设施的安全可能造成重大危害的作业。

直接从事特种作业的人员称为特种作业人员。生产经营单位的特种作业人员必须按照国家有关规定经专门的安全作业培训，取得特种作业操作资格证书，方可上岗作业。

特种作业人员

1 高处作业

概念： 凡在距坠落高度基准面 2m 及以上有可能坠落的高度进行的作业均称为高处作业。没有脚手架或者在没有栏杆的脚手架上工作，高度超过 1.5m 时，应使用安全带，或采取其他可靠的安全措施。

要求： 从事高处作业的人员必须进行身体检查。凡患有**高血压、心脏病、癫痫症、恐高症及不适应高处作业的人员，一律不准从事高处作业。**高处作业人员登高作业前必须检查个人防护用品，必须戴好安全帽、系好安全带，安全带应高挂低用，在作业全过程中不得失去保护，并有防止工具和材料坠落的措施。高处作业区附近有带电体时，应与带电体保持一定的安全距离，作业下方必须划出危险区，设置安全警示牌，严禁无关人员进入，设置专人监护。高处作业人员应衣着灵便，衣袖、裤脚应扎紧，穿软底防滑鞋，并正确佩戴个人防护用具。

案例 　　2015年3月，某750kV变电站220kV Ⅲ母停电检修，劳务派遣人员不听监护人员制止，擅自向高处作业车抛掷个人保安线，造成一座220kV变电站失压，另一座220kV变电站和某自备电厂与系统解网，造成重大负荷损失。

② 吊装起重作业

概念： 指工程项目施工生产中利用起重机械和人力进行重物起落和转移等作业。

要求： 吊装设备作业前，司机和指挥人员必须持证上岗，并对吊装设备制动器、吊钩、钢丝绳和安全装置进行检查，先空载试运行，发现性能不正常时，应在操作前排除。开始吊装作业时，应在作业区域内设置警戒区域，不得超载，吊运时，吊臂下方不得有人靠近，打雷、大风、下雨等恶劣天气严禁操作，遵守现场"十个吊"规定。

施工人员不得在机械作业半径内逗留、行走或工作！

③ 动火作业

概念： 指能直接或间接产生明火的作业，包括熔化焊接、切割、喷枪、喷灯、钻孔、打磨、锤击、破碎、切削等。

要求： 严格执行防火安全管理，在防火重点部位或场所、禁止明火区动火作业，要填用动火工作票；检查设备的安全性和可靠性、个人防护用品、操作环境。动火作业时应有专人监护，现场的通排风良好，有防止触电、爆炸和防止金属飞溅引起火灾的措施。动火作业间断或终结后，应清理现场，切断电源，整理好器具，仔细检查作业场所周围及防护设施，确认无起火危险后方可离开。

禁止动火的情况 🚫

❶ 压力容器或管道未泄压前

❷ 存放易燃易爆物品的容器未清洗干净前或未进行有效置换前

❸ 风力达五级以上的露天作业

❹ 喷漆现场

❺ 遇有火险异常情况未查明原因和消除前

专人监护

持证上岗

（四）临时用电有关要求

施工现场临时用电必须采用 TN-S 系统，根据施工现场用电总量编制临时用电专项施工方案，由专业人员对临时用电负荷进行计算

临时用电线路铺设要根据现场合理布置，要达到"三级配电、二级保护、一机一闸一漏一箱"的要求，临电线路严禁超负荷使用

现场必须设置专业电工维护和管理施工用电，电工必须持证上岗，每日对安全用电进行巡查，严禁乱拉、乱接、线路拖地等现象，发现不合格情况，立即整改处理，并做好整改记录

（五）安全监护有关要求

1 在有触电、高处坠落危险或工作复杂等容易发生事故的地点应设置专责监护人

2 不得安排劳务分包人员担任工作负责人、专责监护人

3 专责监护人必须清楚危险点和安全注意事项

4 工作期间，工作负责人、专责监护人应在工作现场，不得从事与监护无关的工作，且应及时纠正作业人员不安全行为

（六）作业现场安全检查

1 作业现场安全检查覆盖范围要满足要求

2 检查出的违章行为或安全隐患要实行闭环管理

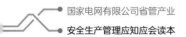

（七）应急处置

1 人身事故应急处置

迅速控制危险源，组织抢救遇险人员	根据事故危害程度，组织现场人员撤离或者采取可能的应急措施后撤离	及时通知可能受到事故影响的单位和人员	采取必要措施，防止事故危害扩大和次生、衍生灾害发生
根据需要请求邻近的应急救援队伍参加救援，并向参加救援的应急救援队伍提供相关技术资料、信息和处置方法	维护事故现场秩序，保护事故现场和相关证据	法律、法规规定的其他应急救援措施	

延伸阅读　《生产安全事故应急条例》第十七条规定，发生生产安全事故后，生产经营单位应当立即启动生产安全事故应急救援预案，采取上述一项或者多项应急救援措施，并按照国家有关规定报告事故情况。

案例

　　2018 年 5 月，检测工作人员甲某在完成某线零序电容检测后，违规操作导致感应电触电。工作负责人乙某在没有采取任何防护措施的情况下，盲目对触电中的甲某进行身体接触施救，导致触电，2 人经抢救无效后均死亡。

47

② 设备故障应急处置

如发生设备故障，立即停止作业，同时组织施工人员快速撤离到安全地点。及时对事故危害情况进行初始评估，封锁事故现场，控制危险源，建立现场抢险救援的安全工作区域，进行伤员抢救，控制事故的蔓延和扩大，保护事故现场，尽量保持好现场原始状况。

案例

2016年6月，某电缆沟道内发生爆炸，电缆沟道井盖被炸开，10kV配电箱被掀翻。随后某110kV变电站2台主变压器和某330kV变电站1台主变压器相继起火，造成重大经济损失。

（八）环境保护有关要求

在施工的整个过程中，严格遵守国家工程建设节地、节能、节水、节材和保护环境法律法规，倡导绿色环保施工，尽力保持地表原貌，减少水土流失，尽量减少施工对环境的影响，文明施工。

三、作业总结

（一）工程验收、结算管理

1 工程验收

　　按照项目验收计划，对施工作业过程的关键环节或设备材料的质量进行验收，包括隐蔽工程验收、原材料和设备的进场验收和设备交接试验等。

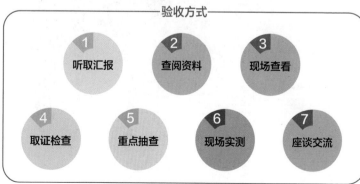

验收方式

1 听取汇报　　2 查阅资料　　3 现场查看

4 取证检查　　5 重点抽查　　6 现场实测　　7 座谈交流

工程验收后依据合同约定，做好工程结算工作。

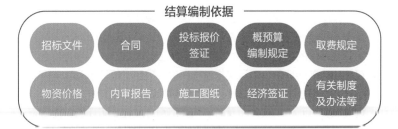

（二）安全评价管理

① 每天工作总结

当日施工作业结束后，应组织召开班后会，总结讲评当班工作和安全情况，表扬遵章守纪，批评忽视安全、违章作业等不良现象，布置下一个工作日任务，并做好记录。

② 阶段性工作总结

施工现场结合实际情况，具有针对性的组织阶段性工作总结，对本阶段出现的违章现象进行点评和分析，对下阶段各类安全风险进行超前分析和流程化控制，形成"管理规范、责任明确、闭环落实、持续改进"的安全风险管理长效机制。

③ 竣工总结

工程竣工验收合格之后，根据有关规定，启动项目安全评价工作，由建设管理单位组织有关专家、工程参建各方，共同参与相关评价工作。通过安全评价不断提高安全管理水平，确保安全管理工作始终可控、能控、在控。安全评价报告要涵盖项目全过程，对需要评价的项目从项目立项到项目竣工验收进行全过程评价，包括项目前期评价、项目实施过程评价、项目运行评价及其他评价等。组织技术人员根据整体项目评价情况，提炼形成项目安全管理经验。对于未按要求及时、认真组织开展评价工作的，或者存在评价结果严重偏离实际情况、问题未及时整改闭环等情况的，要进行通报批评，并按照本单位相关制度进行处罚。

附录 省管产业常用安全生产法规及规章制度名录

1.《中华人民共和国安全生产法》

2.《中华人民共和国合同法》

3.《中华人民共和国建筑法》

4.《中华人民共和国消防法》

5.《中华人民共和国特种设备安全法》

6.《企业安全生产责任体系五落实五到位规定》

7.《转变作风开展安全生产暗查抽查工作制度》

8.《危险化学品安全管理条例》

9.《工贸企业有限空间作业安全管理与监督暂行规定》

10.《特种作业人员安全技术培训考核管理规定》

11.《建筑施工高处作业安全技术规范》

12.《生产安全事故应急条例》

13.《国家电网有限公司集体企业安全生产管理工作规则》

14.《国家电网公司电力安全工作规程（配电部分）（试行）》

15.《国家电网公司安全生产反违章工作管理办法》

16.《国家电网公司安全工作规定》

17.《国家电网有限公司电力突发事件应急响应工作规则（试行）》

18.《国家电网公司信息安全加固实施指南》

19.《国家电网公司基建安全管理规定》

20.《国家电网公司输变电工程施工分包管理办法》

21.《国家电网公司电力安全工作规程（电网建设部分）》

22.《国家电网有限公司劳动防护用品管理办法》

23.《国家电网公司电力安全工器具管理规定》

24.《国家电网公司输变电工程施工危险点辨识及预控措施》

25.《国家电网公司电力建设起重机械安全管理措施（试行）》

26.《国家电网有限公司输变电工程安全文明施工标准化管理办法》

27.《国家电网公司电网建设工程安全管理评价办法》

学习笔记

学习笔记

国家电网有限公司省管产业
安全生产管理应知应会读本

学习笔记

学习笔记

学习笔记